U0162436

全能家居
创意提案

空间规划

庄新燕　等编著

机械工业出版社
CHINA MACHINE PRESS

本书精选了199个家居空间的规划创意，分别讲述了客厅、餐厅、卧室、书房、厨房、卫浴间、玄关、局部空间及特色空间的规划和布置技巧。同时，还针对不同空间的功能，进行了细致的分区处理，再以动线布局、衔接区域处理、墙面规划、家具布置、照明规划、配件选择等作为切入点，全面阐述针对每个空间该如何进行合理的规划与布置。简洁明快的图文搭配精美的线上视频，浅显易懂，全面化解空间规划难题，让读者做自己的空间规划大师。本书适合家装设计师和装修家庭成员阅读使用。

图书在版编目（CIP）数据

全能家居创意提案. 空间规划 / 庄新燕等编著. —北京：
机械工业出版社, 2022.6
ISBN 978-7-111-71169-8

Ⅰ.①全⋯　Ⅱ.①庄⋯　Ⅲ.①住宅－室内装饰设计
Ⅳ.①TU241

中国版本图书馆CIP数据核字(2022)第117780号

机械工业出版社（北京市百万庄大街22号　邮政编码 100037）
策划编辑：宋晓磊　　　　责任编辑：宋晓磊　李宣敏
责任校对：刘时光　　　　封面设计：鞠　杨
责任印制：张　博
北京利丰雅高长城印刷有限公司印刷

2022年9月第1版第1次印刷
184mm×260mm·7印张·128千字
标准书号：ISBN 978-7-111-71169-8
定价：49.00元

电话服务　　　　　　　　网络服务
客服电话:010-88361066　机　工　官　网: www.cmpbook.com
　　　　　010-88379833　机　工　官　博: weibo.com/cmp1952
　　　　　010-68326294　金　书　网: www.golden-book.com
封底无防伪标均为盗版　机工教育服务网: www.cmpedu.com

这是一套能够激发设计灵感,引导读者落实设计想法的家居书。

如今,家居创意在讲求实用性的同时更注重品位,也更加关注居住空间的精神需求和艺术价值。本套丛书共有3册,从国人的生活习惯出发,以家庭装修中的居室配色、空间规划、整理收纳为三大重点,以简洁的文字搭配大量精美案例,并附带掌上阅读视频,打破传统图书阅读的局限性,呈现不一样的家居创意设计,为读者全方位地解读家居细节的搭配技巧。

简化知识点,浅显易懂,是本套丛书的亮点之一。本书汇集了199个经典的空间规划创意,由浅入深地阐述了家庭装修中的布置技巧与规划技巧,让读者明白合理的空间规划是打造舒适生活的必要前提之一。无论居室的户型、大小或是结构如何,合理的布置与规划都是提升居住舒适度的一个绝佳切入点。规划不是大面积的拆除或重建,有时细小的改变也可以让居室焕然一新。本书列举了不同居室空间的规划创意,包含了客厅、餐厅、卧室、书房、厨房、卫浴间、玄关、局部空间及一些生活中的特色空间,还配有大量的实景图片和特色家具的推荐。通过分享家具的挑选、物品的摆放、格局的利用、日常整理与收纳、特色选材等经验创意,让读者彻底认识空间规划的魅力。

参加本套丛书编写的有庄新燕、许海峰、何义玲、何志荣、廖四清、刘永庆、姚姣平、郭胜、葛晓迎、王凤波、常红梅、张明、张金平、张海龙、张淼、郐春元、许海燕、刘琳、史樊兵、史樊英、吕源、吕荣娇、吕冬英、柳燕。

目 录

第1章
客厅的规划创意

合理的客厅布局规划，能让居家生活更加舒适，加大空间的利用率与舒适度，减少不必要的浪费与闲置，营造居室开阔感。

客厅的布局规划

L字形 + 一字形 +U字形 +
对坐式

掌 上 阅 读
客 厅 布 局 规 划

001

对于大多数人来说，客厅是一个亲友聚会、共度时光的空间，也是观看电影、电视剧的场所，因此客厅的布局规划主要是取决于沙发的布置。长方形客厅的沙发可选择L字形布置方式或"1+3+1"组合方式；正方形客厅的沙发适合选择U字形或对坐式；不规则形状的客厅或小客厅可以选择小尺寸家具，家具与客厅的面积比以2:3的比例最佳。

Idea 001

简化家具布局，释放客厅空间

沙发+茶几+边几的客厅家具布置，能够满足客厅基本使用需求。可以利用空间原有的布局特点选择L字形沙发，使较小的空间在较少的装饰和简单的家具下，看起来更通透、时尚。

Idea 002

L字形沙发布局，明确客厅动线

开放式的客厅中，调整沙发的布置方式，增加客厅的活动面积，巧妙地将其他区域并入公共空间，让客厅与其他衔接区域的关系更加紧密，整体格局的动线也更加明确。

Idea 003

长方形空间更适合 L 字形布局

长方形的客厅，将沙发布置成L字形，以充分利用客厅的长度与宽度；需要时可以结合方形茶几和单人椅进行补充搭配，这种家具布置方式可满足客厅的基本收纳需求和待客需求。

Idea 004

极简风也可以很有层次

沙发的跳色处理，让以白色和木色为背景色的客厅更有层次感，跳跃的颜色与墙面留白的对比，极简中流露出异域美感。

Idea 005

"1+1"保证视听舒适性

"1+1"的客厅家具布置方式，保证了小客厅视听距离的舒适性；家具的样式简洁，木质纹理突出，适当的点缀可让居家生活回归放松的状态。

Idea 006

兼备多重功能性的规划

U字形的沙发布局，既保证了沙发与茶几的合理距离，同时也满足了待客需求，除此之外，空间整体搭配提升了简约风格居室的美观度。

005

Idea 007

对坐式的格局，增添空间使用弹性

"1+2+1"的客厅家具布局，形成完美的对坐式格局；以电视柜和电视机作为这个开放式空间的节点，明确了客厅在这个开放式空间的地位与功能，同时，静动分区十分明朗。

007

008

Idea 008

沙发的布置提升空间的饱满度

如果客厅足够大，沙发可以选择U字形组合的布置方式，这样既能弱化大空间的空旷感，提升居室空间的饱满度，又满足了屋主的待客需求。

掌 上 阅 读
电 视 墙 规 划

+2

电视墙的规划

简洁型 + 精装型 + 半墙式 + 收纳式

电视墙作为客厅装饰的一部分，造型上应与整体空间的造型设计相协调，同时也应根据个人情况来选择简装或是精装。如果预算有限，又喜欢极简风格的客厅，可以选择简装样式的电视墙，即用一面大白墙来作为电视背景墙，此时，电视墙的设计重点是把电视机和电视柜分离，电视柜上可以摆放一些装饰品，再搭配壁挂式电视机，让白墙看起来不过于单调；而如果比较注重设计感，可以选择精装电视墙，木饰面、大理石、镜面等都可以用作电视墙的装饰材料，利用其材质的纹理变化，往往能起到画龙点睛的作用；如果想使空间更有延伸感，加强室内空气的流通，可以选择半墙式电视墙，将电视机与隔断融为一体，还能作为空间的分割点，一举两得；如果更注重收纳功能，可将电视机和柜子融为一体，以提升电视墙的功能性，若不经常观看电视，还可将电视机隐藏在柜子里，用时才打开柜门，不用时置于柜门内，让空间看起来更加清爽。

Idea 009

中花白大理石，打造精致电视墙

中花白大理石装饰的电视墙，不需要复杂的设计造型，与空间的整体一致性更强，不显凌乱，简洁精致。

Idea **010**

木材装饰电视墙，简约且富有自然感

用简约的木饰面板装饰整面电视墙，既符合室内时尚的特征，又能增添居室的自然氛围。

Idea **011**

隐藏式的电视墙

电视机已经不是现代生活的必需品，用投幕布代替传统电视机，使客厅空间拥有一面简约大气的立面墙，是一种极富潮流感的规划方式。

010

011

012

013

Idea 012

充分利用材质纹理，丰富视觉效果

若不想在电视墙做复杂的设计造型，完全可以选择一种或华丽，或素净的
大理石来作为装饰主材，简单易操作，同时，也可提升居室装饰效果，丰富
空间氛围。

Idea 013

简化墙面设计造型，打造简洁的空间感

为简化电视墙的设计造型，收纳搁板与背景板采用同种材质，这样既有收
纳功能，又能在视觉上避免杂乱之感。

014

015

Idea 014

仿壁炉电视墙隐藏多种功能

利用美式壁炉概念设计电视墙，将其下方
设计成柜体形式，以收纳重要的3C产品，
同时两侧还增加了封闭的柜体，兼顾了实
用性与设计美感。

Idea 015

悬空造型，弱化石材重量感

石材无论颜色深浅，都难免会给人带来些
许视觉上的重量感，将电视墙设计成悬空
造型，同时搭配白色灯带，是弱化石材重
量感的绝佳创意。

Idea 016

墙体与家具的整合

电视墙与电视柜的一体化设计，提升了小空间的整体感，简单的搁板搭配电视柜，还能满足屋主的收纳需求，精致的选材不需要过多的修饰，也能成为室内装饰的亮点。

Idea 017

多功能化，满足生活需求

精美的大理石搭配简洁的隐形门，将居室收纳隐藏其中，为全家人提供了大容量的收纳空间，实现了电视墙的多功能化。

Idea 018

是电视墙也是空间间隔

将电视机直接悬挂在客厅与餐厅之间的间隔墙上，这样的规划节省空间，增强空间内的空气流通。

Idea 019

半壁式隔断电视墙

半壁式隔断墙,不仅摒弃了原本厚重的实墙,还能在空间中分隔出工作区、餐厅等空间,令整体空间更有延伸感,十分适用于小户型开间或大客厅。

Idea 020

沿墙设计大容量收纳柜

以所收纳物品及业主生活习惯为规划依据,将电视墙设计成集成式柜体,实现墙面化零为整的处理,简洁的柜体拥有超大的收纳空间,结构框架也能被隐藏起来,线条更显利落。

+3

沙发墙的规划

简约型 + 精装型 + 半墙式 + 收纳式

掌 上 阅 读
沙 发 墙 规 划

沙发墙也是家居品位和格调的体现。可以根据装修预算或个人喜好选择简约型、精装型、半墙式或收纳式。简约型沙发墙经济实用，简洁大方；精装型沙发墙通过材质、色彩、造型的搭配来体现出业主的个性与品位；半墙式沙发墙更有利于保证空间的空气流通，让空间的静动区划分更明确；收纳是家居生活的必修课，在沙发墙上规划壁龛或搁板，将墙面设计成多个小区域组合的收纳墙，再放上装饰品和绿植，小小的点缀，能让客厅更有格调。

021

Idea 021

白墙展现极简美

单一的白色墙面搭配简约题材的装饰画，整体感觉清爽、简洁，这样简约经济的创意，能避免不必要的搭配雷区。

Idea **022**

木饰面板的精致美感

木饰面板装饰沙发墙，整体感更强，结合收纳规划，可作为客厅的主题墙。

Idea **023**

地板上墙的妙用

地板用来装饰墙面，美观实用，不用特意购买装饰材料，是经济实用的一种规划手段。

022

023

024

025

兼顾空间开阔感的收纳

适当地改变一下客厅墙体形式，可达到增强空间开阔感的目的，其既具有静区的宁静，又能兼顾开放设计的独立性。

改变非承重墙的墙体结构，让分区不显沉闷

拆掉书房与客厅之间的一部分墙体，改用玻璃，能让两个空间在视觉上实现放大，使分区不再显得沉闷。

Idea 026

改变沙发位置，增加空间功能

通过调整沙发摆放的位置可丰富空间的功能，如沙发位移1m，就能在客厅设置一个工作台，抑或是改变沙发的摆放位置来实现区域划分。

026

027

Idea 027

改变墙体形式，更有利于空气流通

矮墙不仅能实现空间的区域划分，还能缓解压迫感，同时，在墙头的搁板上摆上一些装饰物品，将功能性与装饰性一并实现。

衔接区域的规划

与餐厅衔接 + 与厨房衔接 + 与玄关衔接 + 与走廊衔接 + 与阳台衔接

掌 上 阅 读
衔 接 区 域 规 划

　　客厅与其他区域的衔接规划，应先考虑居住者的生活习惯以及客厅的会客功能，并充分利用结构特点做出有效规划。将餐厅、厨房、玄关、走廊以及阳台等居室内的其他区域的功能进行整合，尽量避免过多的空间切割，而产生动线不流畅、视感凌乱的情况发生。

028

Idea 028

兼顾美感与功能的百宝格

在入门处与客厅相连的区域设计了百宝格，既能作为空间的装饰收纳，同时也是入门处与客厅的间隔，串联了客厅、玄关、餐厅，提升了空间的整体感。

029

Idea 029

利用位置和色调，营造空间感

电视墙的转角处，规划了餐桌，利用颜色与位置的转变，来区分空间，这种方式没有了间隔的局限性，为小居室提供了丰富的空间层次感。

030

Idea 030

通过造型划分功能区

全屋采用白色能增强空间的开阔感，再用造型设计区分不同功能空间，提升空间立体感。

Idea 031

吧台过渡空间，更显品位

开放式的空间内，客厅与厨房实现搭配得当的最佳方案是规划一处小吧台，动静结合，让小空间不显局促。

031

Idea **032**

抬高地面，兼顾家居动线与采光

阳台与客厅之间若不想设置任何间隔，可以考虑利用抬高阳台地面的方法

来实现区域划分，这样既能保证客厅的动线畅通又能兼顾其采光。

Idea **033**

动线上的装饰

在保证客厅与走道间动线畅通的前提下，可以适当地
装饰一些画作、绿植等元素。

Idea 034

延伸区做高台，强化空间功能

利用休闲长桌在客厅中打造出一处休闲空间，阳台通过高台式设计，被并入休闲区，强化了空间的功能。

Idea 035

利用间隔的灵活性，让工作区成为客厅的背景

利用灵活性强的折叠门形成客厅边界，同时区分出客厅与书房，关闭时两处空间均完整，且各自独立，敞开时，则串起整个家居空间。

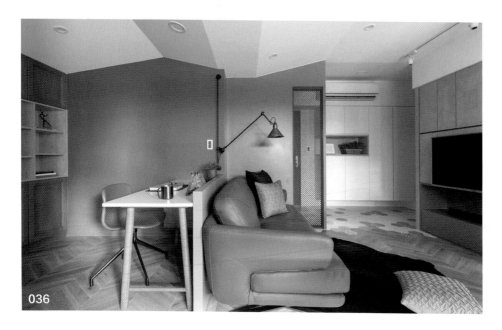

036

037

Idea **036**

家具的布置，丰富客厅功能

沙发背面摆放一张书桌，利用家具的布置，使客厅兼备了书房功能。

Idea **037**

餐厨与吧台的整合

厨房、餐厅、客厅与同一条动线相邻，并且吧台将三者进行了有效的区分，展现了开放式空间

可自由调整的优势。

第2章
餐厅的规划创意

合理的餐厅布置，不仅能促进食欲，也可
增进家人之间的情感交流，同时，还可以
加大空间的利用率，减少浪费，提高居室
舒适度。

掌 上 阅 读
开放式餐厅规划

开放式餐厅的规划

简洁型 + 精装型 + 隔断式

开放式餐厅的布局规划, 先要考虑居住者的生活方式及行为习惯, 再利用结构特点做出有效规划。将餐厅与客厅、玄关、厨房等功能空间整合, 让动线更流畅, 视感更具整体性。可以考虑将餐桌依墙放置, 这样可以让走道动线拥有足够的空间, 还能形成独立的用餐区, 最重要的是不会造成空间浪费。

038

Idea **038**

省去间隔, 让小餐厅更舒适

小餐厅可以省去一些间隔设计, 将餐厅、厨房、客厅甚至是走道等功能区合理地整合在一起, 实现小空间的多功能设计, 仅利用家具来界定空间, 这样既不会破坏动线, 还能使整体空间更具空间感与秩序感。

Idea 039

有创意的隔断，可以增添空间美感

选择一面高颜值的隔断作为开放式餐厅的间隔墙，可保证空间拥有非常好的通透性与观赏性。

Idea 040

通过色彩的变换来界定空间

开放式的空间内，利用家具的颜色变化，来实现功能区的划分，让整体空间氛围更具层次感与空间感。

Idea 041

选择具有使用弹性的间隔，营造理想用餐环境

开放式餐厅想实现独立，又不想破坏整体空间的通透感，可利用推拉门、折叠门这些具有使用弹性的间隔进行划分。这样既不影响动线，还能让视线避开用餐区，维护各自空间的独立性。

+2

掌上阅读
独立式餐厅规划

独立式餐厅的规划

精装型 + 简洁型 + 隔断式

独立式餐厅的规划应以安静、卫生、舒适为首要前提，其次才是考虑风格设定及个人喜好。除此之外，独立式餐厅的规划也需考虑动线的，动线合理的餐厅可以让每个居住者都能够更舒适地用餐。

042

Idea 042

利用材料的组合搭配，体现精致感

镜面可以使空间看起来更有开阔感，且能弱化局促感，变换一下镜面的颜色或与其他材料组合使用，能有效提升空间美观度，体现精装家居的魅力与格调。

Idea 043

装饰画让简洁型餐厅体现非凡的艺术感

简洁型餐厅的设计，可以考虑在留白的墙面上搭配一幅钟意或色调淡雅的装饰画，这是提升艺术感，同时弱化单一感的有效手段。

043

044

045

Idea 044

兼顾动线与独立性的隔断

餐厅与其他空间相连，设计时可以考虑用隔断代替实墙，不仅能提升空间整体感，还不会破坏餐厅的空间感与秩序感。

Idea 045

通过创意设计，实现餐厅独立

用创意型隔断来装饰空间，不仅可以提升居室美感，体现居室装饰的创造性，同时，还能实现用餐区的独立性。

046

Idea 046

集成收纳柜，打造强大的收纳系统

独立式餐厅内沿墙设计集成式收纳柜，能扩大餐厅收纳的容积率，让餐厅更加整洁、干净。

+3

餐厅家具的布置规划

掌 上 阅 读
餐厅家具布置

方形餐桌 + 圆形餐桌 + 卡座式餐桌

餐桌、餐椅、餐柜是餐厅家具的基本配置，家具的布置要与餐厅的空间特点相结合；方形和圆形餐厅，可选用方形或圆形餐桌并居中放置；狭长型的餐厅可在靠墙或靠窗的一侧放置一张长餐桌或设立卡座，这样空间会显得大一些。如果餐厅的面积有限，没有多余空间摆放餐边柜，则可以考虑利用墙体来打造收纳柜。如果是开放式餐厅，餐厅和客厅之间可用家具、屏风、绿植等作隔断，或只做一些材质和颜色上的处理，但总体要注意两个空间的协调；此类餐厅面积不大，餐桌椅可以靠隔断布局。餐厨一体的情况下两者之间可不做隔断，只需要在餐桌上方安装照明灯具即可。

047

048

Idea 047

根据餐厅结构选择餐桌

根据餐厅的结构选择餐桌，是明智有效的家具布置方法，其能有效利用空间，且不会产生局促感，同时，可以保证动线畅通和用餐的舒适感。

Idea 048

圆餐桌更能营造用餐氛围

"圆"在中华传统文化里具有团团圆圆的寓意，在餐厅中布置圆形餐桌，能增进家人在用餐时的互动，尤其在中式家庭中十分适用。

049

Idea 049

定制小餐桌，让不规则空间的结构大变身

餐厨相连的空间，可将转角处改为餐厅，通过量身定制的餐桌，增强空间设计感，让不规则空间的结构大变身。

Idea 050

集成式设计，让餐厅角落更出彩

集成式家具最出彩的地方就是可加强空间的整体感，让室内的异形角落都能得到充分的利用。

Idea 051

收纳与座椅双效合一的卡座

在餐厅设计卡座不仅能代替座椅，而且其底部的收纳箱也可以用来收纳物品，双效合一，十分适用于小餐厅。

050

051

+4

餐厅照明的布置规划
简洁型 + 格调型 + 奢华型

掌 上 阅 读
餐 厅 照 明 布 置

052

餐厅布灯的主要位置有餐桌上方、墙壁、餐边柜及吊顶。其最主要的布置核心就是餐桌,这样做的最大好处就是让美味佳肴在光线的照射下,让人更有食欲。

Idea 053

暖色营造温暖舒适的氛围

餐厅一般选择暖色作为主色,这样更能营造出温暖舒适的环境氛围,在这样的空间内,选择样式简约、色调干净的灯饰会更合适。

Idea 052

用简约的灯饰营造时尚氛围

简洁的空间内,可以通过灯具的颜色变化来制造装饰亮点,这既能赋予空间明亮感,同时其强烈的色彩还能增添趣味性与时尚感。

053

Idea 054

少而精的灯饰，提升空间美感

餐厅的灯饰搭配不一定要十分华丽、烦琐，少而精的装饰也能使整体空间看起来更出彩。

Idea 055

让灯饰成为突显餐厅格调的秘密武器

在简约的餐厅内，新颖别致的灯饰，是提升室内装饰美感的秘密武器。

Idea 056

统一风格，也能制造吸睛亮点

灯饰的搭配与室内风格应一致，这样就不会产生突兀感，协调舒适的搭配不仅能使人眼前一亮，还能形成聚焦效果，制造吸睛的亮点。

+5

餐厅墙面的布置规划

简洁型 + 精装型 + 隔断式 + 定制型

掌 上 阅 读
餐 厅 墙 面 规 划

    餐厅墙面的布置规划应该在符合整体风格的同时，满足居住者的审美需求，营造出一个令人愉快的用餐环境。餐厅墙面布置规划的关键是材料的运用，在符合整体风格的情况下，运用不同材质的组合，可以起到很好的装饰作用，给用餐者不一样的视觉体验，让餐厅看起来更具格调。

057

Idea 057

装饰画，让简洁经济的装修风格更出彩

在留白的墙面上挂几幅装饰画，让简约的室内空间瞬间有了浓郁的艺术感，这种装饰手法经济实惠。

058

059

Idea 058

利用木材营造温馨的氛围

木材装饰墙面，能给人带来精致、细腻之感，让整个用餐空间都充满着自然与温馨的氛围。

Idea 059

巧用镜面，增强空间感

镜面可以给人带来视觉上的扩张感，能有效弱化小空间的局促感，且其简洁利落的外形也能增添空间的时尚感。

060

Idea 060

可实现餐厨分离的矮墙式隔断

若想实现餐厅与厨房两个空间的有效分隔，可以考虑用矮墙作为两个空间的间隔，这样的设计手法保证了视线的通透性并实现了各空间的独立。

061

Idea 061

定制让墙面更具功能性

将餐厅的整面墙分别设计成卡座和收纳柜，让墙面既有美感又有了不可替代的功能性。

062

063

Idea 062

集成式规划提升整体感与美感

集成式的收纳柜既能作为餐边柜，满足用餐时的各种需求，还能调整墙体结构，增添美感。

Idea 063

量身定制，让收纳与装饰双效合一

量身定制的柜子，最大的优点是美观性与功能性的双效合一，设计时可以根据使用需求以及生活习惯进行分区。

第3章
卧室的规划创意

家居生活中，绝大部分时间是在卧室中度过的，因此，卧室应该是整个家居空间内最舒适的场所，布局规划、照明设计、家具布置、墙面设计以及功能拓展等，做好这些细节处理，是提升幸福感的关键。

掌 上 阅 读
卧室布局规划

卧室的布局规划

T 字形布局 + 一字形布局 + 不规则结构布局

卧室分为主卧和次卧，是所有家居空间中属于个人私密空间的部分，所以在布局规划上会优先以个人喜好为设计原则。除此之外，还应考虑一些附加的使用功能，如阅读、化妆、收纳衣物等。

Idea 064

床与衣柜的 T 字形布局

正方形的卧室比较适合选择T字形的布局，其既能兼顾空间的动线，也能让衣柜门、床头柜抽屉使用更方便。

Idea 065

一字形布局，让狭长型卧室面积得到充分利用

将衣柜、床头柜、床平行排列，不仅缓解了卧室的狭长感，还能为卧室预留出足够的活动空间。

Idea 066

利用定制家具，弱化不规则布局的局促感

定制的家具不仅能够起到拉齐空间视线的作用，同时，还能弱化不规则结构的局促感，并且可使空间的使用面积不被浪费。

卧室家具的布置规划

简约型 + 精致型 + 功能拓展型

掌 上 阅 读
卧 室 家 具 布 置

卧室的功能主要以睡眠、收纳、观影为主。提供睡眠的场所是卧室的基本功能,一张舒适的床和良好的采光系统是舒适睡眠的最佳保障;收纳是居家生活基本的需求之一,尤其是卧室,衣物、床上用品、睡前读物以及装饰品都需要容身之处;在卧室里煲剧、上网也是现代人的基本生活需求,因此在卧室内打造一个舒适的观影区也是不错的设计手法。飘窗既能增强卧室的储物功能,又能满足个人的休闲需求。了解了卧室的基本功能后,才能合理地进行卧室家具的布置规划,再根据实际预算进行选择。

Idea 067

以满足生活的基本需求为前提

简约型卧室的家具可以选择注重功能性的家具,简单的床、衣柜或是书桌,便能满足小空间的基本需求。

Idea 068

依据风格特点，选择家具样式

根据卧室的装修风格选择家具的样式，风格上的统一能给人带来舒适感，也是精致生活的一种体现。

Idea 069

利用集成定制，丰富卧室功能

在小卧室中拓展功能，可以考虑在定制家具的设计上下功夫，这样既能节省空间，又避免了需要添置各种家具的麻烦，一举两得。

Idea 070

利用家具单品，提升空间幸福感

如果卧室的空间足够大，在满足空间基本需求的情况下，还可以适当地陈设一些格调高雅的家具单品，让卧室大放异彩。

+3

卧室照明的布置规划

简洁型 + 奢华型 + 功能拓展型

071

　　卧室的照明设备可以根据各功能区域的需要与造型风格加以配置，如床头可以放一台可灵活调整高度和亮度的台灯，以适应在床头读书报的需要，入睡前可调暗，夜间可以保持微弱的光线，不浪费电力。

Idea 071

灯饰与居室色彩协调搭配，更显温馨舒适

单一的吸顶灯，样式简洁大方，为空间提供了充足的照明，床头转角处增设了台灯，方便睡前阅读，也兼顾了休闲区的照明规划。

Idea 072

简洁经济的无主灯式照明

顶面采用整体排布的方式安装了群组筒灯，满足室内的基本照明需求，群组灯可以根据使用需求做选择性的开关，是一种经济节能的照明方式。

072

073

074

Idea 073

柔和光源益于解压

床头两侧壁灯的光线十分柔和，选择暖光灯除了可以提供易于安眠的柔和光外，更重要的是可以通过灯光的布置来缓解白天紧张的生活压力。

Idea 074

移动式灯饰，使照明功能更完善

床头灯让卧室更具浪漫温馨的气息，床左右两侧搭配了可移动的台灯，具有良好的灵活性，且其较高的颜值，也成为空间不可或缺的艺术品。

+4

卧室墙面的布置规划

简约型 + 精装型

卧室墙面的布置规划应根据卧室大小、形状、家具的数量并结合居住者的年龄、喜好以及经济能力等因素进行综合考虑。其通常应具有恬静、温馨、安适的特点。卧室的墙面不宜采用过于浓烈的色彩，以及过于强烈或复杂的装饰，以避免产生强烈的视觉冲击感，建议选择偏暖色调、浅色的图案较为适宜。

075

Idea 075

留白的简约美

卧室墙面除了悬挂两幅装饰画，不做任何装饰，将经典的留白演绎到底，营造一种简约美。

Idea 076

利用墙面色彩弱化空旷感

若卧室的面积较大，可选择相对沉稳一点的色彩，这样能增加空间的视觉饱满度，同时，可弱化大空间的空旷感。

Idea **077**

壁纸营造的婉约美感

用壁纸装饰墙面，不仅美观，还有吸声功能，简约而唯美的图案即使不再做任何修饰，也极具精致感。

077

078

Idea **078**

灯光突显材质特点与氛围格调

墙面对称安装了两盏壁灯，暖暖的灯光营造出更舒适的空间氛围；丰富的光影与软包、镜线组合在一起，使格调更突出。

掌 上 阅 读
主 卧 与 衔 接 区 域

主卧与衔接区域的规划

主卧与书房 + 主卧与卫浴间 + 主卧与休闲区 + 主卧与衣帽间 + 主卧与阳台

如果主卧的面积较大，通常会设有一些附属功能区，如书房、卫浴间、休闲区、衣帽间及阳台等，合理规划好主卧与这些空间的衔接，是保证卧室功能的关键。进行区域分隔时，无论是选择实墙、半墙或是玻璃隔断都应根据主卧的面积大小、采光朝向、结构尺寸等因素进行考虑。

079

Idea **079**

延伸的一体式设计，弱化局促感

书桌与床的衔接式设计，让原本狭小空间的功能变得丰富起来，一体化的设计十分节省空间，且不会因为书桌的增设而产生局促感。

Idea 080

磨砂饰面的玻璃推拉门，保证主卧隐私

适当地改造一下主卧与卫浴间之间的墙体，做成半隔墙再结合玻璃推拉门，在视觉上营造开拓感，使两个空间的光源相辅相承，这种设计方式既能保持各空间各自的独立性，又相互连通，还能缓解小空间的压迫感。

Idea 081

降低飘窗高度，拉近卧室与休闲区的距离

矮飘窗让卧室与休闲区的衔接更自然，大大提升了卧室的休闲功能；飘窗底部设计成抽屉，开关更自如，用来收纳物品再合适不过了。

Idea 082

格栅区分出步入式衣帽间

半隔墙搭配格栅线条将卧室与衣帽间分隔成两个独立的空间,具有通透感的隔断不会带来视觉上的压迫感。

Idea 083

划分主卧与阳台首选玻璃推拉门

主卧与阳台用玻璃推拉门代替了传统实墙,玻璃具有较好的通透性,能让卧室拥有良好的自然采光;此外,玻璃还具有延伸视觉"放大"空间的效果。

Idea 084

半通透材质保护隐私

卧室与阳台的规划选择了半通透的玻璃隔断,这既保护了个人隐私,同时也充分考虑到了居住者的生活方式和行为习惯。

第4章
书房的规划创意

阳台改造书房、卧室增设书房或是客厅兼容书房，都是为了在有限的家居空间内打造一个相对独立的角落，这个角落可以用来工作或学习、储物或会客，动线改造、家具布置、色彩搭配等装饰手段的合理运用，可实现书房的独立性。

掌　上　阅　读
阳 台 改 造 书 房

+1

阳台改造书房的规划

光线的舒适性 + 配色的协调性 + 选材的功能性

想要拥有书房可以从阳台的布置规划上下功夫，利用不同的家具摆设，使两者融为一体，实现两种功能的合理搭配与完美转换。阳台改造书房时，要格外注重书房的功能性，为保证书房的私密性，让书房相对独立，以及营造视觉上的通透感，可以考虑采用隔断设计。

085

Idea 085

灵活度高的竹帘让采光更自如

竹帘与绿植的组合，为小书房带入自然美感，也使室内光线更舒适，配色更和谐，与白色书柜的组合也更有治愈感。

Idea 086

冷色调让采光更舒适

大面积的绿色给人带来清爽、素净之感，抵消了强光带来的闷热感，提升了书房的舒适度。

087

Idea 087

铝制窗帘兼备装饰效果与遮光性

用大面积的百叶卷帘来调节室内光线，铝制材料经久耐用，擦洗与清洁都很方便，其超强的灵活性与高颜值也是一种很好的装饰。

088

089

Idea 088

用木色调节室内强采光

定制家具的颜色略带沉稳的复古感，在自然光线充足的空间内不会显得压抑，为空间带入一种自然、复古的理想格调。

Idea 089

定制家具弥补异形阳台的不足

定制的书桌及书柜很好地弥补了弧形阳台在结构上的不足，减少了不必要的浪费，对提高空间利用率有很大帮助。

+2

卧室增设书房的规划

榻榻米式书房 + 合理规划窗台周围 + 合理利用转角 + 一体化书房

在卧室空间面积允许的情况下，可以利用衣柜与床之间的空间，放置一张书桌，这样阅读学习就都能满足；还可以从榻榻米延伸出书桌，这种一体化的设计更适合用在客卧或小卧室中；也可以将卧室的窗户规划成书桌，利用窗台打造一张书桌，窗边的光线更加充足，空气流通性也好，有助于保护视力。

090

Idea 090

榻榻米 + 书桌让客卧兼备书房功能

将卧室的床设计成榻榻米，再连接一张书桌，这种设计不仅让空间功能可以自由切换，还可以充分利用榻榻米下方的空间用作储物。

Idea 091

U 字形布置，增强空间感

在卧室的临窗位置两侧分别设置衣柜和书桌，使整体空间相连，将书桌、床、衣柜、书柜沿U字形动线布置，空间感更强。

091

092

Idea **092**

转角的利用，让阅读更舒适

在卧室中空出一角，定制转角书桌，L字形的超大桌面使用起来更舒适，且书桌上下方都可以根据需求定制收纳柜。

Idea **093**

一体化设计节省空间

衣柜、书桌、床的一体化设计，可以做到空间利用的极致，非常适合小户型。

093

掌 上 阅 读
客 厅 增 设 书 房

+3

客厅增设书房的规划

书房的私密性 + 衔接的合理性 + 配色的协调性

在客厅中规划书房，要考虑如何降低对客厅原有的会客功能的影响，会客区与书房区的融合应充分。如果规划得不合理，会影响两个区域的舒适度。首先，客厅兼容书房要保证书房拥有安静的氛围，书房区尽量选择靠墙位置，以保证其私密性；其次，两者衔接要合理，在保证整体空间动线畅通的情况下添加书桌，是比较合理的做法；最后，是配色的协调性，规划出的书房区域配色应与整体配色保持呼应，避免突兀的颜色，以产生喧宾夺主之感。

094

Idea 094

设立弹性间隔，让空间更具有灵活性

用玻璃隔断代替了传统的实墙，利用玻璃的通透性和视觉延伸感，既有"放大"空间的作用，又能在客厅里规划出一个半开放式的小书房，推拉门可收可放，使整体空间更具灵活性。

095

096

Idea 095

整合墙面，丰富房间使用弹性

在空白墙面定制了搁板，可以用来放置装饰物也可用作书架，通过墙面的简单整合，让房间的使用功能更具弹性、更丰富。

Idea 096

半墙式间隔，兼顾两个区域的通透性

半墙后添加一张书桌，打造出书房空间，墙面规划预留了充足的插座，方便办公或学习使用。

+4

独立式书房的规划

一字形布局 +L 字形布局 +T 字形布局 +U 字形布局

掌 上 阅 读
独 立 书 房 规 划

　　书房的规划布置以舒适、安静为原则，并配以相应的家具设备，如计算机、书桌等，以满足使用要求。特别是对于从事如写作、美术、音乐的人来说，在设计时就更需要仔细考虑对书房的规划，这样才能营造出一个学习、工作的良好环境。

097

Idea 097

一字形布局，让储物区与工作区的划分更明确

书桌与书柜呈平行布置，两者呈双一字形布局，这样的家具布置能使收纳与工作两

个区域的划分更明确，拿取书籍或物品也更方便。

Idea 098

L字形布局，让书桌沿窗布置，采光更充足

书柜与书桌呈L字形布局，书桌选择临窗摆放，让学习或办公拥有充足的自然光线，也是整个书房中的最佳位置。

Idea 099

T字形布局，让书房的实用面积得到"扩充"

T字形结构的书房布局，书柜倚墙而立，书桌选在书柜前侧，这种理想的布局，无论书房的面积大小，都能使整个空间看起来十分开阔。

Idea 100

U字形布局，满足多人阅读需求

转角书桌能满足多人同时工作或者学习的需求，倚墙而立的超大书柜也能满足收纳需求。

101

102

适当的家具补充，增添书房功能

整墙的书柜与后加入的矮柜，为书房提供了充足的储物空间，即使有再多的书籍、收藏品都能得到适当的整理与收纳。

103

Idea 102

两点一线的布局方式，更适合小书房

书桌与书柜面对面的摆放方式，为椅子的使用预留出足够的空间，提升了使用的舒适度。

Idea 103

合理规划家具，丰富书房功能

合理利用书房的宽度，将书桌与书柜呈双一字形摆放，中间预留的位置放置了钢琴，实现了书房与琴房的无缝切换。

第5章
厨房的规划创意

厨房通常是按照操作线进行规划的，如一字形、L字形、U字形、岛形等，不论什么样的布局方式，都会以厨房操作线为准则，舒适、畅通的作业线，是保证空间动线畅通的第一前提。

+1

厨房的布局规划

一字形布局 +L 字形布局 +U 字形布局 + 岛形布局

掌 上 阅 读
厨 房 布 局 规 划

厨房的布置规划通常按照操作线的布局进行，一般可分为一字形、L字形、U字形、岛形等，不论什么样的布局，都应该遵从厨房的操作线，保证存储、洗刷、切菜、备餐、烹饪的作业线路畅通。

104

105

Idea 104

一字形橱柜让狭长的厨房得以充分利用

沿墙打造一字形橱柜，使烹饪在一条直线上就可完成，紧凑、高效的厨房规划，使狭长的格局得到充分利用。

Idea 105

双一字形的布局，改善窄小形厨房结构上的不足

把厨房的功能区布置成两排，改善厨房结构上的不足，增添了空间的储物区，洗菜、备餐、烹饪的工具成双一字形排列，动线也更流畅。

106

107

L 字形布局让烹饪流程更顺畅

通过L字形布局，将水槽与炉灶错位摆放，这样能有效避免水火冲突，也十分符合烹饪从
洗到切到煮的操作流程。

免除间隔让餐厨融为一体

拆除餐、厨之间的墙体，调整橱柜的方向和冰箱摆放的位置，少了间隔墙的束缚，可以缓
解空间的封闭感，让用餐与烹饪无缝衔接，整体感觉会显得更加温馨。

Idea **108**

U 字形布局，使烹饪操作区得到合理规划

将储物区、水槽、备餐台、调味品区、灶台等厨房的主要工作区域以U字形布局进行规划，能够拥有一个完美、流畅、高效的厨房操作区，合理的动线规划，保证烹饪的有序进行。

Idea **109**

吧台让小厨房的操作空间得到延伸

开放式的厨房，延伸设计了吧台，既能充当餐桌又可以用来收纳一些日常用品，还可以作为品茶聊天的休闲区域，一举三得。

Idea **110**

岛台为分界线，划分储物区与烹饪区

厨房中设立中岛台，不仅可以作为厨房中的操作台，也可以作为餐桌，还能当作吧台，为居家生活提供休闲娱乐的空间。

厨房家电的布置规划

安全性 + 便利性

掌 上 阅 读
厨 房 家 电 布 置

厨房的电器规划应根据实际需求，除了需对油烟机、灶台、洗碗机、冰箱等大件家电的位置进行规划外，为厨房小家电预留位置也是十分重要的。入住后，厨房电器越来越多，仅通过置物架来进行摆放，会显得很凌乱。

Idea 111

定制橱柜，为冰箱预留足够的空间

开放式的厨房，定制了通顶的高柜，并为冰箱预留了充足的空间，冰箱与橱柜的结合，增强了小厨房的整体感。

Idea 112

电器柜的位置应综合考虑

根据空间动线规划电器柜，以符合厨房作业的操作习惯，同时配合插座布线，使厨房内的所有电器布置更合理。

分体式电器柜容纳更多电器

电器柜上下分离，地柜可以收纳嵌入式的蒸烤箱、洗碗机等大件电器，吊柜则收纳一些小型电器，如微波炉、电磁炉等。

集成式规划，安全又美观

集成式的规划包含了炉灶、油烟机、蒸烤箱等厨房必备电器，兼顾了安全性与美观度，厨房台面上方多预留了几个备用插座，可避免后期更换或添置电器时受到限制。

餐厨一体，电器位置的合理性很重要

餐厨一体的小空间，将阳台划入厨房，可有效拓展操作空间，也使各种小型电器的收纳更合理。

+3

厨房照明的布置规划

基础照明 + 局部照明

掌 上 阅 读
厨 房 照 明 布 置

厨房的灯具选择应以功能性, 外形大方, 且便于日常清洁为主。材料应选用不易氧化和生锈的, 整体照明要明亮。炉灶、炉架、洗涤盆、操作台都要有足够的照度, 使备菜、洗菜、切菜、烧菜都能安全有效的进行。还可以在吊柜下方安装局部照明灯, 以增加操作台的照度。

116

Idea 117

装饰性照明在厨房也有一席之地

除了整体排布的主照明外, 吧台及吊柜下方都安装了照明, 明亮的光线利于烹饪的顺利进行, 局部的光影也是对空间的一种装饰。

Idea 116

LED 灯箱更容易清洗

嵌入式的LED灯与顶面完美契合, 不仅带来明亮的光线, 其简约的造型也让日常清洁变得十分轻松。

Idea 118

橱柜下方安装灯具，为烹饪提供充足的光照

上层吊柜底部安装了灯带，方便局部照明，避免切菜或做饭时光线过暗。

Idea 119

吊灯的装饰，让厨房更出彩

在厨房中安装了三盏样式一致的吊灯，打破传统厨房的照明规划模式，提升美感。吊灯最好选择带有涂层并易于清洁、抗污耐腐蚀的材料。

Idea 120

岛形厨房可以利用灯饰营造氛围

厨房岛台上方安装了用于营造氛围的吊灯，灯具的高度需高于头部，可调节的吊绳也让日后的上下移动变得更加便捷。

第6章
卫浴间的规划创意

干湿分区是卫浴间规划的理想格局,合理地布置淋浴房、浴缸等洁具的位置,不仅能让卫浴间拥有理想格局,还能让原本面积不大的卫浴间使用起来更加舒适,并且可加大空间的利用率,减少不必要的浪费。

掌 上 阅 读
卫浴间布局规划

卫浴间的布局规划

三式分离 + 二式分离 + 放射式布局

卫浴间的常见功能主要可以分为必要型和非必要型两大类。其中淋浴、如厕、洗漱属于必要型功能；换衣间、浴缸、收纳柜则属于非必要型功能。合理地利用好每一寸空间，对于生活品质的提升是很有必要的。

Idea 121

三式分离是卫浴间规划的理想布局

利用玻璃推拉门实现了淋浴区、如厕区、洗漱区的三式分离、互不影响的格局，也是最理想的布局。

Idea 122

直线形淋浴房，实现干湿分离

利用直线形的淋浴房来实现卫浴间的干湿分离，避免空间过于潮湿；具有防潮性能的木地板也能用来装饰卫浴间地面。

Idea 123

拉开洗漱区与如厕区的距离

正方形的小卫浴间，在缩小了洗手台的尺寸后，搭配了正方形的淋浴房，充分利用空间的宽度，还拉开了与如厕区的距离，提高了卫浴间的舒适性。

Idea 124

独立淋浴区带来的幸福感

利用结构特点，打造出一个独立的淋浴区，让卫浴间彻底实现干湿分离，还实现了洗漱、如厕等功能区处在一条直线上，洗手台、坐便器、淋浴区的动线规划在使用上也更加便利。

合理布局淋浴房，释放更多空间

利用多边形淋浴房实现干湿分离的目的，且其与空间的锲合度高，能有效地节约使用面积。

放射式布局"激活"正方形卫浴间

正方形的卫浴间拥有自由的布局方式，多边形淋浴房可充分利用角落空间，在卫浴间一侧设置坐便器，另一侧设置洗手台，这样的功能布局十分理想。

+2

淋浴房的规划

圆弧形 + 正方形 + 多边形 + 直线形

掌 上 阅 读
淋 浴 房 规 划

　　淋浴房可以实现小户型卫浴间的干湿分区。在有限的空间里，淋浴房的形状选择及位置的安排是十分讲究的。圆弧形淋浴房是在最大化的空间利用的基础上，把淋浴房做成造型优美的圆弧形，这样没有棱角的设计，整体更加安全，用起来也非常舒适。正方形的淋浴房适合一些格局比较方正的卫浴间，它可以将两侧的空间预留出来作为它用，比其他形状的淋浴房更能节省空间。多边形淋浴房是在正方形的基础上切掉一个尖角，这样进入卫浴间干区不会感觉不适，而且能避免不小心撞到淋浴房的尖角上。直线形淋浴房以一道玻璃推拉门划分出淋浴区，适合较为狭长的卫浴间，这种三面临墙的淋浴房，是最为舒适的卫浴间设计。

127

Idea 127

圆弧形淋浴房，比较适合有老人儿童的家庭

圆弧形淋浴房没有任何棱角，让小卫浴间的面积得到最大化的利用，安全性、美观性、功能性三效合一。

128

Idea 128

正方形淋浴房节省空间面积

在正方形的卫浴间内，用正方形淋浴房划分出淋浴区，配合左右两侧的洗手台和坐便器，形成理想的放射形布局。

Idea 129

多边形淋浴房整合了舒适性与美观度

多边形淋浴房没有凸出的尖角，能够很好地兼顾到洗漱区与如厕区的舒适感和美观度。

129

130

131

Idea 130

省去淋浴房的玻璃门，提升空间使用弹性

用浴帘代替玻璃推拉门，灵活可变，装修造价低，还能够提升空间的利用率。

Idea 131

拯救格局的直线形卫浴间

在卫浴间的一侧做直线形的淋浴房，充分利用了空间的长度来实现干湿分区，舒适感极佳，还不会有局促感。

+3

浴缸的布置规划

嵌入式浴缸 + 独立式浴缸

掌 上 阅 读
浴缸布置规划

卫浴间里常规划有淋浴空间，虽然不是很大，但是经过合理的规划还是能在有限的空间里增设一个浴缸。可以通过位移坐便器、缩小洗手台的长度或者选择壁挂式坐便器等方式来为浴缸提供容身空间。除此之外，浴缸的位置最好是选择靠墙设计，这样便能省下更多的空间留给卫浴间内的其他设施，也是在视觉上减少拥挤感的有效方式。

Idea 132

利用结构增设小浴缸

狭长型的小卫浴间，在其一侧安装浴缸，充分利用了空间的长度，不影响动线，格局更合理。

Idea 133

缩短洗手台的长度，为浴缸预留空间

适当地缩短洗手台的长度，利用空出的空间再结合卫浴间的宽度，浴缸就有了容身之处，巧妙的规划让沐浴更放松、更惬意。

134

135

136

Idea 134

利用空间长度，巧设浴缸

充分利用整体空间的长度，在淋浴房内安装浴缸，将直线形的淋浴房适当地拓宽后，完全可以满足安装浴缸的需求。

Idea 135

实木浴盆为浴室带来视觉温度感

实木浴盆的占地面积比较小，比白色浴缸更有温度感。

Idea 136

小浴室配小浴缸，提升幸福感

当卫浴间面积较小时，可以选择小浴缸，通过位移坐便器的位置，来满足小浴缸的安装需求。

第7章
玄关的规划创意

玄关作为家的第一印象，要保证拥其装饰的美观，还应具有对室内起到保护隐私的作用，以及具备一定收纳储物的功能，因此，玄关规划时，应考虑居住者的生活方式及行为习惯。

玄关的布局规划

开敞式 + 半开敞式 + 独立式

掌 上 阅 读
玄关布局规划

因户型面积大小与结构不同，玄关通常可分为开敞式、半开敞式、独立式三种。开敞式玄关与周围空间相通，没有视觉阻挡，如果空间面积小于或等于$1.2m^2$时，可以采用软玄关装饰，借助室内其他设计元素来实现划分玄关；当空间面积达到$1.2~2m^2$时，可以采用硬玄关装饰，采用隔断将玄关与相连空间进行分隔。半开敞式玄关是相对于开敞式玄关而言的，半开敞式既适合软玄关装饰设计，又适合硬玄关装饰设计。独立式玄关的规划比较自由，除考虑整体风格特点外，可以根据喜好以及生活习惯进行规划。

Idea 137

家具充当半墙隔断，减少公共空间的拥挤感

利用半高的收纳柜作为玄关与其他空间的区分，使分隔后的空间拥有一定的通透感，缓解公共区的拥挤感。

Idea 138

通道式玄关常需补光

玄关采光不足的情况下，空间配色选择以浅色作主色是比较推荐的做法，再搭配灯光排布进行补充，这样在满足日常照明需求的同时也是对空间氛围的一种营造。

Idea 139

开敞式玄关也能拥有安全感

进入室内后，在玄关的一侧打造双面收纳柜，一侧满足玄关收纳需求，另一侧则兼顾了陈列展示功能，完成区域划分的同时，也能为用餐提供安全感。

Idea 140

悬空式的家具规划，能弱化局促感

玄关处规划通顶的高柜，可以作为入门处的一块视觉屏障，以保护室内隐私，柜体的悬空式设计弱化了沉重感与空间的局促感。

141-1

141-2

142

Idea **141**

通透材质的间隔，可提升玄关颜值

在玄关处从地面到顶面进行了完整的分割，利用格栅线条保证了空间采光，避免了小空间的狭窄感，让分区后的小玄关通透感十足。

Idea **142**

用添加隔墙的方式，实现玄关的独立

公共区面积允许的情况下，在玄关处打造一面隔墙，因为不涉及承重，可以适当削减墙体的厚度，这样可以避免空间在视觉上的拥挤感。

玄关地面的布置规划

单一材质 + 下沉式 + 两种材质

掌 上 阅 读
玄 关 地 面 规 划

作为区分室内与室外的节点，玄关的作用首先就是将室外的尘土留在这里，因此，规划出落尘区显得尤为重要。可以根据户型大小及风格特点在地面用地毯或者下沉式设计来规划出一个落尘区；或者是通过两种材质的拼接实现。

Idea 143

入门处铺设地毯，明确玄关区域

在门口的地面铺一块地毯，让开放式的迷你空间一下有了明确的落尘区。

Idea 144

地面材料的统一，能促进空间协调感

玄关地面铺上木地板，与全屋衔接自然，整体感更强，木材温润的特质自带文艺清新的气息。

145

146

适当下沉玄关地面高度，打造落尘区

将玄关的地面下沉5~10cm后，采用花砖进行铺装，利用颜色、材质及高度的变化，为开放式的玄关规划出一个落尘区，日常的清洁打扫会轻松不少。

创意拼贴，打破传统铺装风格

花砖和地板拼接，用在玄关与客厅之间，不仅提升了地面规划的层次感，还能打破传统铺装风格的沉闷与单调。

+3

玄关家具的布置规划

单件家具 + 定制式家具

掌 上 阅 读
玄 关 家 具 布 置

　　玄关是进出门时的回旋空间，既要保证拥有一定的美观性，还应具有对室内起到保护隐私的作用。除此之外，理想的玄关应具备充足的收纳空间。因此，玄关的家具布置，要充分考虑与整体空间的呼应关系，使玄关区域与会客区域有很好的结合性和过渡性，并且有足够的活动空间。

Idea 147

小玄关选择倚墙式鞋柜更简洁大方

小玄关的家具布置应以简洁为主，简单地放置一个鞋柜，满足一家人应季鞋子的收纳即可。

Idea 148

利用结构特点规划玄关家具

利用入门处的结构特点定制家具，"激活"玄关处的每一个角落，使其成为家居装饰中的一个亮点。

Idea 149

悬空式设计，让高柜看起来更具轻盈感

玄关处设立高柜，能为居室开拓出更多的收纳空间，悬空的柜体及浅色柜门使柜体视觉上更加轻盈，丝毫不会有压迫感。

Idea 150

简化家具线条，给小玄关"瘦身"

小玄关的家具线条、材质和颜色都给人轻巧之感，适中的高度也不会产生压迫感，让小玄关满足基本功能的同时达到"瘦身"的目的。

148

149

150

+4

玄关照明的布置规划

整体排布 + 局部排布

掌 上 阅 读
玄 关 照 明 布 置

从玄关空间的整体面积出发，对光线的亮度并没有太高的要求。因此在照明的布置规划上，并不需要太过于强烈的光源直射，能够满足日常使用需求即可。玄关内常见的布灯方式有整体排布和局部排布两种。

Idea 151

群组筒灯，让照明简约实用

筒灯的组合运用，其简单的排布方式，就可让玄关拥有充足的照明。

Idea 152

装饰性的照明，突显品位

在玄关条案的顶部安装一组装饰吊灯，其外形极简的线条与光影的完美结合，使空间层次
更显丰富，也为居室带来不一样的艺术感。

Idea 153

局部的功能照明，更有家的温馨感

换鞋凳的一侧安装壁灯，光源的局部扩散是对环境最好的渲染，暖色的灯光装点出暖暖的
居室氛围。

第8章
局部空间的规划创意

隔断、吧台、飘窗、榻榻米、衣帽间、阳台，这些局部空间的细节规划可以提高每一寸空间的利用率，通过选择合适的家具与样式设计，达到提升居住者舒适度的目的。

隔断的规划

收纳柜 + 吧台 + 格栅 + 多宝格 + 玻璃

掌 上 阅 读
隔 断 规 划

隔断，隔而不断，是其精髓所在，其可将空间划分为多个功能区，而依然具有整体感。因此，隔断是家居装饰中非常有用的空间划分方式，从形式上来讲隔断可以分为硬隔断和软隔断。在空间划分中，硬隔断能有效地划分空间，提升各个分区的独立性，而软隔断则是借助其他设计和家具，来形成一种隔而不断的空间效果。

154

Idea 154

木线条与收纳柜，双效合一的隔断形式

木作加柜体作为空间隔断，既有空间阻隔性又有收纳功能，收纳柜的台面上摆放的花草，使空间表情更加丰富。

Idea 155

吧台是隔断中的佼佼者

在公共区用吧台来代替传统的墙体隔断，不仅可为室内提供一部分的收纳空间，还能顺势开辟出一个可用于品茶、聊天的休闲区。

156

157

Idea 156

格栅实现空间的隔而不断

木质格栅具有一定的透光性，将客厅的光线引入餐厅，并实现小餐厅的独立性，隔而不断，既划分了空间又同时保留通透感的规划手段是小户型居室的最爱。

Idea 157

利用多宝格在卧室设立实用性隔断

在需要分区的位置用多宝格作为隔断，是一种比较实用的做法，即可达到隔断的效果，还能兼顾空间的装饰效果。

158

Idea 158

玻璃的通透感，让软隔断更有层次感

为了避免将公共区一览无余，格窗与玻璃作为空间隔断，有效划分了空间，双材质的组合不会显得单一，还能使空间看起来更丰富，更有趣味性。

飘窗的规划

装饰飘窗 + 功能飘窗

　　飘窗让室内拥有良好的采光，同时还保留了宽敞的窗台，使得室内空间在视觉上得以延伸，让人们有了更广阔的视野，更赋予生活以浪漫的色彩。

Idea 159

用软装美化大飘窗

大型飘窗拥有开阔的视野，使用丰富的布艺元素进行装饰，不仅赋予生活浓郁的浪漫色彩，还大大提升了飘窗使用的舒适度。

159

Idea 160

将飘窗改造为茶室，是增添休闲氛围的一种巧妙规划

如果客厅的空间有限，可以将飘窗改造成一个小小的娱乐休闲区，即设计成榻榻米的形式，在中间摆一个小茶几，一个休闲意味浓郁的茶室就这样诞生了，周末约上三五好友在此下棋、品茶、聊天，更是一种难得的乐趣。

Idea 161

飘窗化身书房，光线充足，阅读更舒心

从飘窗处射入的光线，为室内的活动提供了充足的光照。除了工作用的台面，同时可以在书桌旁安装小书柜或吊柜，用于存放书籍或摆件，无论是存放还是拿取，抬手就能拿到，很方便。

160

161

+3

衣帽间的规划

独立式 + 嵌入式 + 开放式 +
步入式

掌 上 阅 读
衣 帽 间 规 划

衣帽间的主要形式有独立式、嵌入式、开放式和步入式。
为了使物品便于收纳,衣帽间可分为叠放区、杂物区、大件区
和悬挂区等专用储藏空间。做好分区分类,合理利用空间,才
能够提高使用效率。

Idea 162

利用推拉门的灵活性,来实现衣帽间的独立

为了避免衣帽间被一览无余,使用带有
雾面玻璃的推拉门来界定空间,同时也
让不大的衣帽间少了压迫感与局促感。

Idea 163

利用结构特点打造嵌入式衣帽间

利用空间凸出的结构,规划嵌入式衣帽
间,比传统衣柜的收纳空间更大,开放
的格局没有多余的间隔,不会破坏空间
的整体动线,也不会产生凌乱感。

162

163

Idea **164**

适合年轻人的开放式衣帽间

开放式的衣帽间比较符合年轻人的使用习惯，将衣物收纳做到一览无余，也能视作丰富空间趣味性的元素之一，同时，开放式的格局使拿取更加方便。

Idea **165**

利用收纳柜为主卧间隔出一个步入式衣帽间

若卧室面积够大，可利用高柜隔出一个衣帽间，这不仅能满足收纳更多衣物的需求，还能弱化大卧室的空旷感。

+4

阳台的规划

书房式阳台 + 洗晾式阳台 + 休闲式阳台

掌上阅读
阳台规划

阳台是家居空间中阳光最充足的地方，在家庭装修中阳台装修倍受关注，阳台的设计规划除了要考虑安全性之外，功能性也十分重要。目前，常见的阳台规划方式是洗晾式阳台，且通常是与收纳为一体，也就是将收纳柜与洗衣机、烘干机整合在一起的综合性阳台。除此之外，还有书房式阳台、榻榻米式阳台、与客厅一体式阳台以及让人倍感放松的吧台式阳台和治愈感十足的花园式阳台。

166

Idea 166

定制家具将阳台化为小书房

阳台改造成书房，是实现小户型居室拥有独立书房的最佳创意，量身定制的家具可以避免空间面积的浪费，美观度也更高。

Idea 167

量身定制的台面，让洗晾式阳台更美观

将洗衣机移入阳台，采用量身定制的台面可以将洗衣机完美地隐藏其中，提升空间整洁度。

167

Idea 168

一事一物，打造治愈系阳台

阳台有花、有草、有书、有阳光，这样舒适的阳台，可以治愈一切负面情绪，呈现出岁月静好的惬意与美好。

Idea 169

一花一草，打造花园式阳台

在阳台中营造花草丛生、绿意盎然的视感，让每一天都像生活在大自然的怀抱中，生活中的苟且随之烟消云散，让美丽的风景触于可及。

Idea 170

是儿童乐园也是品茶室

在阳台中设置一个卡座，这样既可以变身儿童乐园，也可以成为与好友喝茶聊天的品茶室。

+5

榻榻米的规划

卧室榻榻米 + 飘窗榻榻米 + 茶室榻榻米

掌 上 阅 读
榻 榻 米 规 划

　　榻榻米在如今的家庭装饰中已经不局限于日式风格居室使用了。榻榻米属于定制类规划，整体感很强，具有强大的收纳功能。可根据使用需求及空间面积来选择榻榻米的类型，如儿童房榻榻米或卧室榻榻米比较适合小户型的卧室规划，一般会选择在次卧或书房使用；阳台榻榻米或飘窗榻榻米可搭配充足的采光，营造出休闲的生活空间；茶室榻榻米可搭配升降的方桌，用来下棋或者聊天品茶。

Idea **171**

榻榻米增添小居室的使用弹性

面积小、层高有限的房间，定制榻榻米时应适当降低榻榻米的高度，这既避免房间产生拥挤感与压迫感，又能丰富空间的使用弹性。这样的小房间用作客卧、书房或休闲室，都是很不错的选择。

172

Idea 172

地台与飘窗结合，增添
书房休闲感

将转角落地窗前的区域规划成
地台式的榻榻米，既有飘窗的
良好通透感，又带有榻榻米的
休闲功能，是个缓解学习或工
作压力的好创意。

173

Idea 173

让设计的延伸来丰富
空间的功能

榻榻米式的阳光房内，定制的
收纳柜延伸设计后划分出书房
空间，丰富了茶室的功能。

Idea 174

全屋式榻榻米要注意层高

榻榻米的高度大约为40cm，通常还会搭配一张升降桌，如果是全屋定制，必须考虑房间的层高不能低于2.8m，这样才不会产生压抑感。

Idea 175

规范榻榻米尺寸，让后期软装搭配更轻松

量身定制的榻榻米，造型及尺寸与室内的面积及结构完美契合。在定制榻榻米时，尺寸的把控与软装的搭配应综合考虑，以避免造成额外的开支。

Idea 176

浅木色与白色，让榻榻米更显治愈系美感

榻榻米饰面的浅木色与收纳柜的白色搭配十分治愈，榻榻米的阶梯式造型不仅使上下更方便，拿取柜里的物品也更加便利。

Idea 177

自然系选材，营造温馨氛围

布艺、木头、藤编、花艺都是充满自然感的选材，搭配白色幔帐与通透的清玻璃，简单的布置，让小空间更加温馨。

Idea 178

收纳与休闲两不误的榻榻米规划创意

将榻榻米下方设计成抽屉，无论是拿取或存放物品都十分方便；再利用色彩的点缀，便能弱化临窗的闷热感。

Idea **179**

地台式榻榻米，休闲意味更浓

将阳台的地面适当抬高，让公共空间的各种功能得到明确的区分，地台式榻榻米的高度不高，但休闲感更浓。

Idea **180**

榻榻米巧作客卧

小卧室做成榻榻米，能够满足日常睡眠需求，榻榻米下方可以提供丰富的储物空间，是一种兼顾收纳与视觉美感的规划方式。

第9章
特色空间的规划创意

一个完整的家居设计，除了客厅、餐厅、卧室等主空间外，还可能有备受年轻人追捧的阁楼，承载着诗与远方的家庭花园，使身心得到放松的休闲区，使父母安享晚年的老人房，充满爱与呵护的儿童房，这些空间的合理规划，不仅提升了居住的舒适度，还是创造美好生活不可或缺的部分。

阁楼的规划

功能拓展型 + 客卧式

掌 上 阅 读
阁 楼 规 划

　　阁楼装修在近几年来非常的流行，尤其是小型阁楼的装修很受年轻人的喜爱。顶层阁楼的缺点在于空间不规则、比较矮小，如果能合理利用这些"缺点"，其空间表情会更为丰富。

181-1

181-2

Idea 181

将一侧高、一侧矮的阁楼化身游戏室

对于一侧高、一侧矮的阁楼，高处一侧规划为活动区，方便休闲娱乐，较矮的一侧可摆放定制家具，用于收纳物品，这样能有效避免空间的浪费。

Idea **182**

阁楼作工作室，采光的方向很重要

阁楼天窗朝东，会使室内拥有充足的采光且不会出现因西晒而过于闷热的窘境。

Idea **183**

阁楼化身客卧，满足留宿需求

两边矮、中间高的阁楼，可以在中间位置放置一张大床，将阁楼打造成一间卧室，卧室中的床品颜色不宜过深，以浅米色、浅咖啡色、米白色为宜，利用浅色的轻盈感来缓解不规则空间的压抑感。

+2

家庭花园的规划

简约型 + 阳台式

掌上阅读
家庭花园规划

在家庭花园里可以养花种草,让忙碌的都市生活也能拥有一片绿意盎然、生机勃勃的景象。家庭花园也不仅限于庭院式花园,可以在阳台或其他室内空间,开辟出一个角落,打造出属于自己的诗与远方。

184

Idea 185

盆栽树的"小森林"格调

宽敞的开放式阳台中种上一株盆栽树,为居家空间营造出"小森林"的视感,郁郁葱葱的绿色能令人心旷神怡,忘记烦恼。

Idea 184

小花园也要有层次感

利用不同植物的高矮、颜色及种类提升空间的层次感,让小花园的氛围欣欣向荣且不杂乱。

Idea 186

利用"旧物"装饰家庭花园

利用仿旧的砖石、木梯来装饰花园，与充满生机的植物形成对比，表现出一种质朴的田园气息。

Idea 187

利用植物让阳台拥有花园氛围

在半开放式的阳台里，摆放一些钟意的植物盆栽，将小阳台彻底打造成一个生机勃勃的小花园。

Idea 188

木材与植物的完美组合，更显田园格调

木材是最能营造自然氛围的装饰材料之一，配上田园感十足的藤蔓植物，不需要花费过高的成本便能满足人们对田园生活的向往。

+3

休闲区的规划

兼顾萌宠型 + 功能拓展型 + 格调型

掌 上 阅 读
休 闲 区 规 划

　　家庭休闲区的规划需要结合装修预算、空间大小、功能用途以及风格样式等方面考量。结合以上因素，可以根据自身需求在阳台、客厅一角等处打造一个用于放松、休闲的舒适小天地。

Idea **189**

用爱心打造宠物休息区

在阳台或室内的其他角落，为宠物预留出一面墙，以满足宠物日常休息、玩耍的需求。还可以就地规划收纳，将宠物的日常用品收纳于此，拿取方便，不必占用室内其他空间。

Idea 190

巧妙规划可兼顾休闲与收纳

储藏室拥有良好的采光,在窗前放置一张地毯、一把休闲椅和几个抱枕,巧妙的布置,让原本单一的收纳空间有了一份休闲惬意之感,休闲功能的融入使收纳富有更多的乐趣。

Idea 191

利用家具布置出一个休闲空间

通过休闲沙发、茶几、靠椅等家具打造出一个悠闲自在的空间,使整个家居氛围更加惬意舒适。

+4

老人房的规划

简约舒适 + 配色合理 + 功能至上

掌　上　阅　读
老　人　房　规　划

老人房的房间不易过大，应尽量挑选正南正北或正东正西的房间，同时需要保证室内拥有良好的采光与通风。此外，出于老人健康的考虑，在规划时，应以简约舒适为主，配色合理，不要使用过深或过艳的颜色，家具配置以功能至上为首要原则，避免出现尖锐的棱角，同时还要避免潮湿与闷热。

Idea 192

有阳台的老人房，可采用遮光帘与纱帘的组合调节光线

老人房中带有阳台，能让房间拥有良好的采光与通风，采用遮光帘与纱帘的组合，不仅能自由调节光线，还能在冬季起到保暖的作用。

193

194

Idea 193

简化家具，满足基本需求即可

床、床头柜及衣柜的组合，可满足日常基本需求，不占据更多的空间，以保证老年人日常拥有足够的活动空间，强调舒适性与基本需求的规划，也是一种常用的规划手段。

Idea 194

注重家具及配饰的环保性能

环保的藤质、竹制以及实木家具，更适合用在老人房中，环保的选材更有利于老年人的健康。

儿童房的规划

婴儿房 + 男孩房 + 女孩房 + 二孩房

掌 上 阅 读
儿 童 房 规 划

儿童房的规划首先考虑拥有良好的采光与通风；家具尺寸要合理，家具配置应以安全为主；房间面积不易太小，规划使用年限应为5年以上。在有效利用每一寸空间的同时为孩子们打造出一个宜于成长的专属空间。

195

Idea 195

良好的通风与舒适的采光，保证婴儿睡眠

婴儿房首选离主卧最近的房间，或在主卧直接放置婴儿床，婴儿的睡眠时间长，次数多，可考虑用隔间为孩子提供一个安稳舒适的睡眠空间，再运用遮光帘与纱帘的组合对光线进行调节。

Idea **196**

为孩子打造创意性角落

根据孩子的兴趣爱好来规划房间，可以是一块用于涂鸦的黑板，也可以是
孩子喜欢的手绘墙面等，将这些充满创意的元素融入孩子的生活空间中，
体现出父母对孩子满满的爱意。

Idea **197**

长远规划，给孩子预留成长空间

儿童房的家具及格局的规划可以适当地做些预留，为孩子今后的兴趣发
展，提供更多施展的空间。

Idea **198**

错层上下床，让两个孩子都能拥有自己的空间

错层式的上下床，可以将书桌分别设立在床的两侧，以床为界，这样就能为两个孩子
规划出相对独立的空间。

Idea **199**

合理规划狭长型儿童房，利于学习与成长

狭长型的卧室，可以利用结构特点在房间的一侧放置上下床，再沿墙定做长书桌，
这样既充分利用了空间的长度，还能让两个孩子一起学习。